ASPECTOS MÉDICO-LEGAIS EM OTORRINOLARINGOLOGIA

IVAN DIEB MIZIARA

BMGV EDITORA
2007
SÃO PAULO

Todos os direitos reservados, no Brasil, por BMGV Editora
Rua Teodoro Sampaio, 352 - 22
Tel: 11-3081-1703   e-mail: bmgv@uol.com.br

Dados internacionais de Catalogação na Publicação (CIP)

> Miziara, Ivan Dieb, 1956 -   .
>   Aspectos Médico-Legais em Otorrinolaringolgia / Ivan Dieb
> Miziara. —
>   São Paulo : BMGV Livros ; New York, U.S. :
> Lulu Press Inc., 2007.
>
>   ISBN 978-85-99805-05-3   (BMGV Livros)
>
>   1. Medicina I. Medicina Legal. II. Otorrinolaringologia

Índices para catálogo sistemático:
1. Medicina : Medicina Legal: Otorrinolaringologia

*A meu pai, Ivan Mocdéci Miziara, professor de Medicina Legal
— meu mestre*

O AUTOR

IVAN DIEB MIZIARA é médico graduado, Doutor e Livre Docente pela Faculdade de Medicina da Universidade de São Paulo.

Médico Legista do Instituto Médico Legal do Estado de São Paulo. Ex-diretor do Núcleo de Perícias Médicas da Capital e Grande São Paulo.

Professor colaborador da Disciplina de Otorrinolaringologia da Faculdade de Medicina da USP.

Diretor do Ambulatório de Otorrinolaringologia do Hospital das Clínicas da Faculdade de Medicina da USP.

Chefe do grupo de Estomatologia da Divisão de Clínica ORL do Hospital das Clínicas da FMUSP.

Chefe do grupo de ORL e AIDS da Divisão de Clínica ORL do Hospital das Clínicas da FMUSP.

NOTA INTRODUTÓRIA

Este pequeno livro – ***Aspectos Médico-Legais em Otorrinolaringolgia*** – é resultado da combinação de duas vertentes em minha formação médica: a de otorrinolaringologista e aquela voltada à Medicina Legal..

A intenção de escrever este manual nasceu quando me deparei com as dificuldades que vários médicos legistas enfrentam, quando necessitam realizar uma perícia e, consequentemente, elaborar um laudo ou parecer que envolva tema otorrinolaringológico.

Este é um problema prático, posto que, mesmo no Instituto Médico-Legal do Estado de São Paulo, apenas a Capital e as cidades da Grande São Paulo contam com um especialista em ambas as áreas para realizar os exames solicitados.

Inicialmente, os exames otorrinolaringológicos do IML de São Paulo foram realizados pelo pioneiro Guido Ivan Luckaisus, hoje aposentado, mas que deixou um legado digno de nota. Luckaisus realizava suas perícias na área audiológica por exemplo valendo-se de diapasões. E seus diagnósticos e conclusões de laudos jamais foram questionados. Foi um criador de paradigmas e, por que não dizer, de várias regras ainda utilizadas.

Hoje, seu posto é ocupado com a mesma eficiência e brilhantismo pela Dra. Rita de Cássia Gavas que, como já dito anteriormente, combina as duas especialidades médicas, além de ser professora de Medicina Legal em várias faculdades de Medicina e na Academia da Polícia Civil de São Paulo.

De outro lado, como já dissemos anteriormente, este tipo de perícia especial não é realizado em todos os institutos médico-legais do país, tampouco nos locais mais afastados dos grandes centros. Esta lacuna, muitas vezes, obriga o juiz ou promotor a tentar se valer dos préstimos do otorrinolaringologista "comum", ou seja, aquele que possui apenas uma vaga noção do que seja a Medicina Legal: aquela aprendida (e pouco lembrada) ainda nos bancos do curso médico.

Como seu próprio título indica, este livro aborda apenas alguns aspectos da simbiose vivida pela Medicina Legal e a Otorrinolaringologia. Não tem a pretensão de ser um tratado sobre o assunto, mas tão somente dar uma visão geral e algumas noções úteis a ambos os especialistas.

Procuramos aqui oferecer ao hipotético leitor a nossa visada pessoal sobre o encontro de áreas tão apaixonantes quanto são a Medicina Legal e a Otorrinolaringologia. Tecemos, aqui e ali, comentários rápidos sobre pontos que podem gerar controvérsias – ainda que esses comentários, obviamente, contenham a nossa opinião, a qual, por ser única e intransferível, também é passível de crítica.

Esperamos que os pequenos lembretes aqui contidos sejam úteis na vida prática diária de muitos colegas médicos legistas e otorrinolaringologistas. E agradecemos com sinceridade a todos aqueles que, de uma forma ou de outra, colaboraram com a nossa formação – especialmente meus primeiros mestres legistas, Ivan Mocdéci Miziara (meu pai) e Armando Cânger Rodrigues, e também os otorrinolaringologistas como Aroldo Miniti, Ossamu Butugan e Ricardo Ferreira Bento.

O autor

CAPÍTULO 1:

BREVE INTRODUÇÃO À MEDICINA LEGAL

1.1 CONCEITO DE MEDICINA LEGAL

Os primeiros relatos acerca da relação entre a Medicina e o Direito datam de 1532, quando o Código Carolino, lei básica do império germânico sob a tutela de Carlos V, estabelecia que os juízes deveriam buscar auxílio na opinião dos peritos médicos antes de procederem ao julgamento, sempre que necessário. Aos peritos medievais já cabia a avaliação do estado mental dos indivíduos, a análise de lesões corporais e de mortes violentas (homicídios, suicídios) ou naturais.

Somente trezentos anos depois, em 1832 instituiu-se oficialmente no Brasil o ensino da Medicina Legal, naquela época ainda restrito à traumatologia, tanatologia e toxicologia.

Apesar da Medicina Legal possuir defensores de seu conceito mais extensivo como disciplina independente, desde os tempos de Ascarelli (conforme nos relata Flamínio Fávero em seu monumental *Medicina Legal*), ou de defensores de um conceito mais restritivo, hoje prevalece a posição intermediária que poderia ser assim expressa, nas palavras de Odon Ramos Maranhão:

"Medicina Legal é a ciência de aplicação dos conhecimentos médico-biológicos aos interesses do Direito constituído, do Direito constituendo e à fiscalização do exercício médico-profissional."

Em relação ao Direito constituído, a aplicação da Medicina Legal se dá sempre que a autoridade judiciária busca informes médicos para a aplicação da lei. Exemplo clássico, citado por Maranhão, é a verificação da ofensa à integridade física ou saúde de outrem (art. 129 do CP).

Já em relação ao Direito constituendo, sua aplicabilidade se dá sempre que o legislador necessita de conhecimentos advindos da área médica, para a criação de novas leis ou modificação daquelas já existentes.

Por fim, vale ressaltar que a fiscalização do exercício profissional médico foge do escopo dos médicos legistas, estando afeta aos Conselhos Federal e Regionais de Medicina, de acordo com legislação própria (Dec.-lei 7.955, de 13.9.45 – Lei 3.268, de 30.9.57).

A evolução da ciência médica, no entanto, tornou a Medicina Legal (assim como outras especialidades) **interdisciplinar**, no dizer de Oliver Schroeder Jr. (*Legal Medicine Annual*, 1974), formando especialistas a fim de atender aos interesses comuns da Medicina e do Direito.

Como conseqüência, a Medicina Legal é hoje uma ciência pluricurricular, dotada de fundamentos doutrinários, já antecipados por Flamínio Fávero, abrangendo conhecimentos médicos e não-médicos, para responder às questões do Direito. Entre esses conhecimentos múltiplos se encaixam exemplarmente aqueles por nós aqui tratados – os otorrinolaringológicos.

1.2 A PERÍCIA E OS PERITOS

Os exames realizados por técnicos, a serviço da Justiça, são denominados de *perícias*. A natureza da matéria a ser examinada é que definirá a espécie de perícia a ser feita. Ao se tratar de matéria médica, obviamente, esta será uma *perícia médica*. Em se tratando de matéria médica, no âmbito da Otorrinolaringologia, denominar-se-á *perícia otorrinolaringológica*.

O técnico que realiza a perícia é chamado de *perito*.

Uma vez realizada a perícia, ela resultará em um documento, usualmente denominado *laudo*, o qual fará parte integrante do corpo do processo judiciário.

As perícias, de acordo com os campos da Medicina Legal a que dizem respeito, podem ser classificadas em:

a) Profissional: Diceologia médica; Deontologia médica
b) Social: trabalhista, securitária ou preventiva
c) Judiciária: que pode ser subdividida em

1. Traumatológica
2. Tanatológica
3. Toxicológica
4. Antropológica
5. Asfixiológica
6. Hematológica
7. Semenológica
8. Sexológica
9. Psicopatológica

Embora não façam parte dessa classificação (e mesmo possam ser enquadradas entre as perícias hematológicas e/ou antropológicas), é preciso ressaltar, pela sua importância atual, as perícias relacionadas aos exames de DNA (seja para identificação ou exclusão de paternidade), assim como as perícias odontológicas, que são merecedoras de classificação própria.

Entre essas que são merecedoras de classificação própria, não resta dúvida que se encontram as perícias otorrinolaringológicas, que podem ser divididas basicamente, de acordo com a região em estudo, em:

1) Perícias otológicas
    a) Funcionais (audiológicas)
    b) Traumáticas (lesões estéticas, fraturas temporais e danos ao nervo facial)
2) Perícias nasais
    a) Funcionais (danos à função respiratória)
    b) Traumáticas (lesões estéticas, fraturas)
3) Perícias bucofaringolaringológicas
    a) Funcionais (dentárias, vocais)
    b) Traumáticas (lesões estéticas, fraturas, perdas dentárias)

Segundo Odon Ramos Maranhão (ob. cit), as perícias médico-legais ainda podem ser classificadas de acordo com a relação que o médico legista (ou o otorrinolaringologista) mantém com o examinado. Quando o médico realiza o exame na pessoa implicada, trata-se de uma **perícia direta**.

De outro lado, quando o perito se baseia em relatórios, registros, peças processuais outras, para elaborar seu lado, trata-se de uma **perícia indireta**. O Instituto Médico Legal de São Paulo, por exemplo, possui um setor com médicos designados somente para elaboração de laudos pela forma indireta.

É preciso notar que existem circunstâncias em que o exame indireto é obrigatório, como no caso de constatação do *perigo de vida* (art.129, § 1º , CP). É a típica situação em que, mesmo durante o exame direto da vítima, nada se pode constatar, pois a situação já foi superada (caso contrário estaríamos frente a uma "lesão corporal seguida de morte"). Somente os registros hospitalares e o prontuário médico do paciente podem nos asseverar a existência de tal perigo à vida no momento de seu atendimento inicial.

Quando a perícia realizada de forma indireta se baseia na descrição de exame realizado por outro médico, ela pode dar origem a um *laudo indireto* (se o perito apenas se utilizar dos dados recebidos para qualificar a lesão percebida pela vítima).

De outro lado, quando o perito, lançando mão de seus conhecimentos, utilizar os dados de exame realizado por outrem para emitir opinião acerca de determinado assunto estaremos frente a um *parecer médico-legal*.

Tanto o laudo indireto quanto o parecer médico-legal são realizados de forma indireta, entretanto ambos diferem em seu conteúdo precípuo: enquanto o laudo indireto traduz matéria de análise objetiva, o parecer médico-legal só tem razão de ser por sua característica eminentemente subjetiva e sujeita a controvérsia.

Já os peritos podem ser divididos em:

a)   **Oficiais**: são aqueles funcionários do Serviço Público, como os médicos do Instituto Médico Legal, do Manicômio Judiciário etc.

b)   **Louvados ou nomeados**: são aqueles designados pela autoridade judiciária, quando a organização pública não disponha de serviço próprio, ou de localidade onde não haja repartição adequada, ou ainda quando o Judiciário necessite de opinião de elevado nível científico.

Neste último caso, em geral, se enquadram os otorrinolaringologistas, quando assim requisitados pela Autoridade Judiciária a fim de darem parecer sobre tema afeto precipuamente à especialidade e à Medicina Legal.

COMENTÁRIO: Matéria objeto de alguma controvérsia no meio médico-legal diz respeito ao número de peritos necessários para realização das perícias no campo do Direito Penal. Segundo o art.159 do Código de Processo Penal:

"exames de corpo de delito e as outras perícias serão, em regra, feitos por **peritos oficiais**".

No seu § 1º, o mesmo artigo estabelece que:

"não havendo peritos oficiais, o exame será feito por **duas** pessoas idôneas, escolhidas de preferência as que tiverem habilitação técnica"

Parece-nos bastante claro, portanto, que no campo do Direito Penal os peritos serão sempre dois, cuidado que o legislador reservou para preservar a precisão, a clareza e a imparcialidade da perícia, assim como resguardar de controvérsias tanto o direito da vítima como o do réu em relação à matéria em questão.

É preciso ressaltar ainda a adequação da postura profissional do perito. Diferentemente do clínico, que está ligado a seu paciente por deveres éticos e jurídicos, incluindo aí o sigilo profissional, o perito está tão somente a serviço da Justiça, devendo a ela as informações que colher durante seu exame.

Nesse aspecto, as principais virtudes do perito são a *objetividade* (relatando de modo direto apenas o que viu), a *dúvida* e a *cautela*, desde que nem sempre as informações advindas da vítima são dignas de confiança.

Deve o bom perito firmar suas conclusões somente após confirmação da veracidade dos informes recebidos, confrontando-os com outras fontes e comparando-os com os dados obtidos em seu exame. Como disse Bossuet, "constitui uma parte de bem julgar, duvidar quando necessário"

Nas sábias palavras de Lacassagne e Martin (in Flamínio Fávero, ob.cit), o perito também deve "não sacrificar jamais os interesses da Justiça ao espírito de classe ou ao orgulho profissional". Necessita ser humilde e "examinar previamente se tem competência para o caso a que é chamado". Precisa ser imparcial, fiel àquilo que viu e examinou e, por fim, não afirmar senão o que puder demonstrar cientificamente.

De resto, mas tão importante quanto todos os itens anteriores, deve o perito saber escrever bem, com simplicidade, correção e clareza, evitando termos e frases de duplo sentido, porque a finalidade de seu texto não é literária, mas tão somente fazer-se entendido e esclarecer.

1.3 DOCUMENTOS MÉDICO- LEGAIS

Em sentido amplo, quando um médico fornece informação de matéria médica de interesse jurídico, por meio de um documento escrito, dizemos tratar-se de um **documento médico-legal**.

O **relatório médico-legal** é a narração escrita e minuciosa de todas as operações de uma perícia médica, determinada por autoridade policial ou judiciária, a um ou mais profissionais nomeados e compromissados na forma da lei (Flamínio Fávero, ob.cit).

Se o relatório for ditado ao escrivão logo após o exame, denominar-se-á **auto** e, caso seja redigido posteriormente pelos peritos, **laudo**.

Se este documento resultar de pedido ou consulta da pessoa interessada, receberá a denominação de **atestado** ou **parecer**.

A fim preservar a uniformidade das perícias, evitando-se o subjetivismo e a falta de rigor, a peça pericial, ou seja, o laudo obedece a uma sistematização científica e deve sempre conter alguns itens genéricos que eventualmente podem ser adaptados a cada caso. Esses itens são:

a) Preâmbulo
b) Histórico
c) Descrição
d) Discussão
e) Conclusão
f) Quesitos e respostas

Parece-nos de suma importância, sem medo de nos tornarmos repetitivos, os seguintes cuidados na confecção de um laudo:

1) Objetividade: o perito deve ser direto em sua peça escrita, porém deve fazê-lo de forma pormenorizada e o mais completa possível;

2) Descrição minuciosa: a fim de preservar dados "perecíveis", que não poderão ser objeto de um segundo exame, assim como evitar qualquer divergência com outros examinadores;

3) Discussão e conclusão: devem ser baseadas nos dados obtidos anteriormente ao exame , e obedecer aos ditames da lógica; e

4) Resposta aos quesitos: sucinta e direta, em geral monossilábica.

Já os **pareceres médico-legais** quase sempre resultam de consultas realizadas a profissionais que gozam de "notório saber". No dizer de Ramos Maranhão (ob.cit), "Não se irá pedi-los a inexperientes, principiantes ou desconhecidos. Geralmente, por se tratar de matéria sujeita a controvérsia e confronto, é que se solicita a opinião de luminares em determinado assunto".

No dizer de Flamínio Fávero, "o parecer médico-legal é a resposta a uma consulta feita por interessado a um ou mais médicos, a uma comissão de profissionais ou a uma sociedade científica sobre fatos referentes à questão a ser esclarecida. É documento particular pedido a quem tenha competência especial no assunto, que independe de qualquer compromisso legal e que é aceito ou faz fé pelo renome de quem o subscreve. (...) Esses pareceres constam comumente de quatro partes: preâmbulo, exposição, discussão e conclusão, faltando, é claro, a parte da descrição propriamente dita, porquanto, em geral, não há exames a serem feitos".

No Estado de São Paulo, os pareceres podem ser solicitados a grandes autoridades em determinado assunto de forma individual, ou a uma comissão especialmente designada para esse fim, como é o caso da Comissão de Pareceres do Instituto Médico Legal de São Paulo.

1.4 CONCEITUAÇÃO DE CORPO DE DELITO

É o conjunto de vestígios deixados pelo fato criminoso. Em outras palavras, é o conjunto de elementos materiais resultantes da prática de um crime.

No passado, a expressão indicava tão-somente o cadáver da pessoa vitimada por homicídio, o qual devia ser exibido ao juiz, daí, talvez, o sentido etimológico do corpo de delito.

Posteriormente, a expressão passou a significar toda pessoa ou coisa sobre as quais incidia um ato delituoso, até que se chegasse ao sentido moderno.

Corpo de delito direto

São os elementos materiais, perceptíveis pelos nossos sentidos, resultante da infração penal. Esses elementos sensíveis, objetivos, devem ser objetos de prova, obtida pelos meios que o Direito fornece. Os técnicos dirão da sua natureza, estabelecerão o nexo entre eles e o ato ou omissão, por que se incrimina o acusado.

O corpo de delito deve realizar-se o mais rapidamente possível, logo que se tenha conhecimento da existência do fato.

O perito dará atenção a todos os elementos, que se vinculem ao fato principal, sobretudo os que possam influir na aplicação da pena.

Corpo de delito indireto

Quando o corpo de delito se torna impossível, admite-se a prova testemunhal, por haverem desaparecido os elementos materiais. Essa substituição do exame **objetivo** pela prova testemunhal, subjetiva, é a rigor indevida, pois não há corpo, embora haja o delito.

Auto de Corpo de Delito

Meio de prova no processo penal destinado a apurar os vestígios deixados, pelo criminoso, na vítima ou no próprio local do delito.

Consiste na inspeção ocular feita por peritos, a qual leva às conclusões que instruirão o laudo.

1.5 COMO ELABORAR O LAUDO DE LESÃO CORPORAL

O laudo médico-legal de exame de corpo de delito deverá ser elaborado de forma metódica, constando de cada uma das partes anteriormente mencionadas. Cada uma destas partes deverá conter os seguintes sub-itens e exigir os seguintes procedimentos e precauções por parte dos peritos:

PREÂMBULO*:

- Nome dos peritos e local de trabalho dos mesmos
- Nome da autoridade que determinou o exame
- Local, data e hora
- Qualificação do examinando (filiação, RG etc.)
- Transcrição dos quesitos a serem respondidos

* Nos casos de exames indiretos, iniciar o preâmbulo sempre com a frase "Atendendo à requisição do Ilmo. Sr. Dr. (...), DD. Delegado de Polícia, passamos a proceder a exame de corpo de delito indireto, referente à vitima (...)".

HISTÓRICO•

- Antes de iniciar o exame, confira sempre a identidade da vítima, por meio de documento idôneo, onde conste fotografia da mesma
- Nos casos de detentos apresentados a exame (cautelar ou não), é de bom alvitre solicitar ao funcionário administrativo recolher a impressão digital de polegar dos mesmos, que pode ser aposta em folha à parte ou na própria requisição de exame
- Anote todos os dados relevantes sobre o fato, na voz de quem fornece a informação ("refere a vítima que...", "refere o acompanhante que...")
- Tipo de instrumento ou agente agressor ("sofreu agressão a socos e pontapés")
- Local da agressão sofrida ("em sua casa", "em uma briga de bar")
- Parte do corpo atingida ("sendo atingido no braço esquerdo")
- Se recebeu ou não socorro médico ("tendo sido atendida no Pronto Socorro do Hospital das Clínicas"; "não tendo recebido/procurado socorro médico")
- Qual o tratamento recebido ("tendo sido submetida a tratamento cirúrgico")
- Se ficou internada ou não, qual o período de internação ("tendo permanecido internada de 11/6/2005 a 18/7/2005"; "sendo medicada e liberada a seguir")
- Estado atual da vítima ("apresentando limitação de movimentos no braço atingido"; "não apresentando sequelas do referido evento")

Nos casos de exames no âmbito da Otorrinolaringologia, realizar breve anamnese especificamente otorrinolaringológica, inquirindo o municipiando acerca de queixas auditivas e vestibulares (hipoacusia, zumbidos, vertigem, distúrbios da marcha, distúrbios neurovegetativos associados), queixas nasais (obstruções, sangramentos, alterações do olfato) e bucofaringolaríngeas (sangramentos, perdas dentárias, disfonia, odinofagia e disfagia, disgeusia)

- Transcrição de documentos apresentados pela vítima ("apresenta relatório médico assinado pelo Dr. Fulano de Tal – CRM xy456 – afirmando que a vítima sofreu fratura cominutiva de úmero esquerdo, corrigida cirurgicamente")

- Nos casos de exames complementares, iniciar o histórico com os dizeres "Comparece a vítima para exame complementar ao laudo XY de 5/2/2006" e, então, relatar as informações sobre o estado atual da mesma.
- Nos casos de exames indiretos, iniciar o histórico com a frase "Segundo consta na requisição de exame, a vítima teria sofrido ferimento por arma de fogo (p.ex), na data de 5/2/2006, tendo sido atendida no PS do Hospital das Clínicas, onde permaneceu internada de 11/6/2005 a 18/7/2005".

DESCRIÇÃO*

- Parte básica do laudo, contendo o *visum et repertum*

- Reproduza fiel e minuciosamente todas as verificações feitas e os exames realizados
- Comece a descrição das lesões no sentido crânio-caudal (ou seja, da cabeça para o tronco e membros), referindo com precisão a região anatômica atingida
- Anote os aspectos "físicos" da lesão, como coloração, formato e dimensões (medidas no maior e menor eixo)

O exame otorrinolaringológico deverá ser completo, incluindo:

a) Exame otológico: descreva o pavilhão auricular, anotando todos os dados de interesse, como equimoses, hematomas, retrações etc. À otoscopia, descreva as características observadas do conduto auditivo externo e da membrana timpânica, relatando a presença de alterações na coloração, retrações, perfurações (tamanho, forma e local, de acordo com os quadrantes clássicos) etc. Realizar a pesquisa de nistagmo espontâneo, testes de equilíbrio, alterações da marcha. Verificar a presença de paralisia facial;

b) Exame nasal, com a rinoscopia anterior, relatando desvios externos, do septo nasal (a presença ou ausência de hematomas), luxações das conchas, presença de sangramentos e lesões mucosas;

c) Exame da cavidade bucal, faringe e laringe: repita o mesmo procedimento minucioso, descrevendo fraturas ou avulsões dentárias, lesões mucosas ou de língua, hematomas em faringe e lesões laríngeas (externas, como os desvios de cartilagem tireóide, ou internas, por meio de laringoscopia, como luxações de cartilagens aritenóides, paralisias de cordas vocais etc.);

d) Exames complementares e radiográficos: devem ser realizados sempre que necessários e, de boa norma, farão parte integrante do laudo pericial. Quando isto não for possível, descreve-los sucintamente.

Também é de bom alvitre, sempre que possível, elaborar esquemas gráficos com a localização de perfurações timpânicas, por exemplo, ou de lesões laríngeas.

- Evite inserir discussões, diagnósticos ou conclusões nesta parte do laudo
- Em se tratando de cicatrizes, descreva o colorido, a consistência, a mobilidade, saliência ou depressão etc.
- Descreva as regiões e os estado dos tecidos circunvizinhos ao ferimento (edemas, equimoses etc.)
- Descreva as manchas (sangue, medicamentos etc.) e as crostas que recobrem as feridas
- Fotografe as lesões ou, se impossível, faça gráficos mostrando a sua sede e formato aproximado, especialmente nos casos de lesões deformantes
- Há casos em que a vítima comparece ao exame com o local atingido recoberto por curativo ou imobilização gessada. Se não for possível remover a proteção local, descreva-a e anote que "por prudência médica não a removemos"
- Nos casos em que detentos são apresentados a exames (cautelares ou não), solicitar que retirem toda a vestimenta, pois muitas vezes as agressões recebidas são escamoteadas pela vítima, temerosas de receberem represálias
* Nos casos de exames indiretos, transcreva literalmente os dados do relatório médico, incluindo a identificação de quem assinou o exame (nome e número de inscrição no CRM)
* Nos casos de exames complementares, descreva o estado atual das lesões, bem como a situação funcional dos órgãos atingidos

DISCUSSÃO

- Deve ser orientada, no dizer de Flamínio Fávero (ob.cit) para encaminhar as deduções que a conclusão e a resposta aos quesitos conterão
- Lembre-se: é nesta parte do laudo que o perito demonstra seus conhecimentos periciais
- Deve ser explicativa, para que o leigo entenda seu conteúdo, mas jamais será irresponsável, extrapolando os limites daquilo que foi descrito
- Nos casos mais simples, pode ser abolida, em benefício do poder de síntese que toda boa peça pericial deve exibir
- Não se furte a discutir aquilo que foi motivo da requisição de exame. Muitas vezes a autoridade deseja saber o nexo causal entre determinado agente lesivo e a lesão sofrida pela vítima – sempre que possível responda de modo a esclarecer o solicitado

CONCLUSÃO

- Também deve ser sintética e, convém frisar, sempre baseada no que foi observado
- Quando não for possível chegar a uma conclusão naquele momento, sendo necessária a repetição do exame para avaliar a extensão do dano, os peritos deverão especificar que "a conclusão depende de exame complementar em 30 (ou mais) dias", eventualmente "acompanhado de relatório médico-hospitalar"
- Nos casos de exames indiretos, deve sempre conter os dizeres "Baseado no acima exposto, unicamente transcrito de relatório médico-hospitalar, concluímos que a vítima sofreu lesão corporal de natureza ...", completando com a frase "salvo complicações inesperadas e/ou não citadas no documento médico".
- Ainda nos casos de exames indiretos, os peritos podem alegar que "a conclusão definitiva ficará na dependência de exame complementar direto, para avaliar a evolução das lesões descritas", ou que "esta perícia não possui elementos para elaborar exame de corpo de delito pela forma indireta", ou mesmo que "esta perícia não possui elementos para caracterizar ocorrência de lesões corporais uma vez que o documento médico enviado não descreve nenhuma lesão objetiva".
- Nem sempre é possível chegar a uma conclusão de acordo com o que foi solicitado pela autoridade policial ou judiciária. Nesses casos, diga claramente que não tem elementos para chegar a uma conclusão ou que esta não é de alçada do médico legista.

RESPOSTA AOS QUESITOS

- Deverá ser sucinta, monossilábica e indubitável
- Atenção: nos casos em que não foi possível examinar a lesão (por estar encoberta por imobilização gessada ou curativo), a resposta a **todos** os quesitos deverá ser "dependem de exame complementar".

1.6 COMO ELABORAR O PARECER MÉDICO-LEGAL

PREÂMBULO

- Deverá constar o nome do médico consultado, ou os nomes dos componentes da comissão que fornecerá o parecer, bem como seus títulos de relevância
- Deverá constar o nome de quem fez a consulta e o modo como foi feita (se verbal ou por escrito)

EXPOSIÇÃO

- Deverão constar os quesitos e o objeto da consulta
- Deverão constar os documentos em análise

DISCUSSÃO

- Parte capital do documento
- A documentação apresentada (relatórios médicos, prontuários hospitalares etc.) deverá ser transcrita, no todo ou em parte, a critério de quem faz o parecer, porém, sempre com a maior minúcia possível

CONCLUSÃO

- O perito dirá o seu modo de ver a questão, respondendo, por fim os quesitos.
- A maioria dos pareceristas prefere discutir e responder os quesitos um a um, o que pode facilitar a compreensão do leitor
- Flamínio Fávero (ob.cit) sugere o seguinte modelo de conclusão:

"Eu, abaixo-assinado, Dr. ------------ (nome e títulos), residente nesta capital, tendo recebido do exmo. Sr. Dr. ---------------- (nome e qualificação da autoridade solicitante) uma consulta constante de uma cópia autenticada de -------- ------- (dizer o tipo de documento apresentado), acompanhada dos quesitos adiante transcritos, dou a seguir o meu parecer, depois de haver estudado convenientemente o documento referido e as questões de que os quesitos são objeto.

1º Quesito:
(Transcrição completa)
Resposta: .... etc.

2º Quesito:
(Transcrição completa)
Resposta .... etc.

Data, assinatura, firma reconhecida / carimbo "

CAPÍTULO 2:

TRAUMATOLOGIA FORENSE
E
OTORRINOLARINGOLOGIA

2.1 <u>DEFINIÇÃO</u>

Traumatologia forense é o ramo da Medicina Legal que estuda as lesões corporais, suas causas e a natureza dos agentes lesivos.

Neste ponto, cabe certa discussão a respeito do conceito de lesão corporal, que não é tão simples como possa parecer à primeira vista.

A concepção jurídico-penal estabelecida no *caput* do art.129 do Código Penal vigente diz que:

Lesão corporal é qualquer ofensa à integridade corporal ou à saúde de outrem.

No entanto, esta concepção apresenta algumas variações que, embora pareçam filigranas semânticas, possuem implicações no julgamento pericial em diversas situações. Assim, para Hungria "são todas as ofensas ocasionadas à normalidade funcional do corpo ou organismo humano, seja do ponto de vista anatômico, fisiológico ou psíquico".

Para Emilío Bonnet, "são quaisquer traumatismos produzidos com violência causada apenas com o objetivo não de matar e, sim, apenas com o propósito de provocar danos anatômicos e fisiológicos ao organismo humano".

Já do ponto de vista doutrinário, como referido por Flamínio Fávero (ob.cit), "constituem danos ou ofensas à integridade anatômica, fisiológica ou psíquica do indivíduo por um agente ou energia capaz de lhe produzir perturbações transitórias ou permanentes ou mesmo a morte".

2.2 <u>LEGISLAÇÃO</u>

CÓDIGO PENAL – Art. 129 – Ofender a integridade corporal ou a saúde de outrem:

Pena – detenção, de três meses a um ano.

§ 1º - Se resulta:

I – Incapacidade para as ocupações habituais por mais de 30 dias;

II – Perigo de vida;

III – Debilidade permanente de membro, sentido ou função;

IV – Aceleração de parto;

Pena – reclusão de um a cinco anos.

§ 2º - Se resulta:

I – Incapacidade permanente para o trabalho;

II – Enfermidade incurável;

III – Perda ou inutilização de membro, sentido ou função;

IV – Deformidade permanente;

V – Aborto;

Pena – reclusão de dois a oito anos.

§ 3º - Se resulta morte e as circunstâncias evidenciam que o agente não quis o resultado nem assumiu o risco de produzi-lo:

Pena – reclusão de quatro a doze anos.

§ 4º - Se o agente comete o crime impelido por motivo de relevante valor social ou moral ou sob o domínio de violenta emoção, logo em seguida a provocação da vítima, o juiz pode reduzir a pena de um sexto a um terço.

§ 5º - O juiz, não sendo grave as lesões, pode ainda substituir a pena de detenção pela de multa.

I – Se ocorre qualquer das hipóteses do parágrafo anterior;

II – Se as lesões são recíprocas.

§ 6º - Se a lesão é culposa:

Pena – Detenção de dois meses a um ano.

2.2.1 CLASSIFICAÇÃO JURÍDICA DAS LESÕES

As lesões corporais podem ser classificadas juridicamente segundo:

a) sua gravidade; e
b) sua natureza: acidental, voluntária ou violenta (acidente, suicídio ou homicídio).

Quanto à gravidade, as lesões já se encontram classificadas pelo próprio Código Penal em:

a) Leve (Art.129, *caput*),
b) Grave (Art.129, § 1º),
c) Gravíssima (Art.129, § 2º), e
d) Seguida de morte (Art. 129, § 3º).

Para avaliação das gravidade das lesões, a perícia médica é o ponto-chave, requerendo profissional habilitado para tal. Muitas vezes, um único exame não é suficiente para que os peritos cheguem a alguma conclusão, e a extensão dos danos infligidos à vítimas exija avaliação feita a *posteriori*.

2.2.2 LESÃO LEVE

A caracterização da lesão de natureza leve se faz por dois pontos básicos:

a) a presença de ofensa à integridade física, seja por dano anatômico, seja por alteração funcional, e

b) pela ausência das conseqüências mencionadas nos parágrafos subseqüentes do artigo 129.

COMENTÁRIOS:

1) É preciso lembrar que a dor é um fator importante de limitação funcional e, portanto, de ofensa à integridade física da vítima. Muitas vezes as agressões sofridas pelo ofendido não deixam marcas visíveis no tegumento externo, mas a presença de dor (desde que bem documentada e aferida pela perícia) acarretando alteração funcional é suficiente para caracterizar a lesão como de natureza leve.

2) Também devemos ter em mente que muitas vezes não conseguimos constatar no primeiro exame a ausência de conseqüências mencionadas nos demais parágrafos do art. 129, sendo necessária a realização de exame (s) complementar (es) em um prazo mínimo de 30 dias.

2.2.3 LESÃO GRAVE

Para que uma lesão seja considerada grave é necessário que, simultaneamente, **ao menos uma** das conseqüências mencionadas no § 1º esteja presente e **nenhuma** daquelas descritas no § 2º.

Incapacidade para as ocupações habituais por mais de 30 dias

O legislador quando se referiu às <u>ocupações habituais</u> houve por bem também contemplar os idosos, as crianças, as donas de casa e não apenas categorias *profissionais* específicas. Isto posto, qualquer lesão que promova alterações em atividades rotineiras da vítima se enquadra neste quesito. Exemplo clássico é a criança que sofre um atropelamento e fratura os ossos do antebraço. O tempo de recuperação, certamente, será maior que 30 dias, impedindo-a de brincar, lavar-se ou mesmo escrever de modo habitual, estabelecendo-se portanto a lesão como *grave*. Em otorrinolaringologia, por exemplo, as perfurações timpânicas traumáticas, acarretando hipoacusia por um período maior do que este, também se enquadrará neste item. Entretanto, não se exime o perito de requisitar exame complementar em 30 dias para confirmar tanto a incapacidade temporal mencionada quanto outros danos de natureza funcional ou estética.

Perigo de vida

Neste caso, trata-se de uma decorrência direta **já provada** da ofensa à integridade física. É a constatação da "iminência de morte" em conseqüência da lesão corporal. Não cabem aqui figuras como a expectativa de risco, possível prognóstico ou que "poderá ocorrer perigo de vida" (nas palavras de Ramos Maranhão, ob. cit). Exemplo sobejamente conhecido é o ferimento por projétil de arma de fogo que atinge a região precordial, sem contudo atravessar o plano muscular e o gradil costal. Neste caso **não** houve perigo de vida. Ao contrário, o projétil que atravessa o abdômen, perfurando alças intestinais, causando hemorragia importante e requisitando laparotomia de urgência, é responsável por uma lesão que acarreta à sua vítima um **real estado** de perigo de vida. Este é, portanto, um <u>diagnóstico</u> com caráter retrospectivo, o mais das vezes confirmado pelo relatório médico-hospitalar acerca do evento. Na área otorrinolaringológica, as situações que levam a vítima a sofrer perigo de vida não são tão freqüentes, mas é possível mencionar as grandes hemorragias decorrentes de fraturas do maciço facial, as lesões laríngeas que requerem traqueotomia imediata a fim de preservar a permeabilidade das vias aéreas superiores, as lesões da região cervical a demandar intervenção cirúrgica – como no caso dos esgorjamentos.

Debilidade permanente de membro, sentido ou função

Aqui existe pouca controvérsia a respeito. É preciso lembrar que a perda de um componente de órgão duplo, como a perda de um olho ou de um ouvido, acarreta tão somente a debilidade do sentido da visão ou da audição.

Aceleração de parto

É a expulsão do feto **vivo**, decorrente da agressão sofrida pela vítima, independentemente da viabilidade fetal. Também evento raro na área otorrinolaringológica, mas plausível de ocorrer após um trauma crânio-facial por exemplo.

2.2.4 LESÃO GRAVÍSSIMA

Neste caso, a lesão será gravíssima desde que ensejada por ao menos uma das conseqüências mencionadas no § 2º do artigo 129. Só não pode sobrevir a elas, a morte.

Incapacidade permanente para o trabalho

Não se fala mais em ocupação habitual. No entanto, é mister levar em conta alguns fatores de controvérsia. A rigor, a incapacidade deve ser total e permanente para qualquer tipo de trabalho, o que, na prática, é muito difícil de ocorrer. No dizer de Almeida Jr. (ob.cit), trata-se de incapacidade total para o trabalho <u>genérico</u>: "Para estar incluída nesta rubrica, a lesão deverá ser tal que impeça à vítima, daí por diante, exercer qualquer atividade profissional". Embora a origem deste conceito esteja relacionada à infortunística, pode e deve ser aplicada à lei penal.

Enfermidade incurável

Trata-se de situação irreversível de evolução lenta ou terminada: seqüela irremovível de processo patológico precedente originado pela ofensa à integridade física. Um bom exemplo são os processos epilépticos ocasionados por traumatismos crânio-encefálicos. Ainda que requeira uma detecção mais precisa pelo otorrinolaringologista, quadro semelhante é a da vestibulopatia pós-traumática. Tal diagnóstico será sujeito a controvérsia certamente, daí a necessidade de exames complementares muito precisos.

Perda ou inutilização de membro, sentido ou função

Não há necessidade de que seja absoluta. Uma incapacidade de 75% já satisfaz o requisito legal.

Aborto

Aqui se refere à expulsão do feto **morto**, independentemente da idade gestacional. A agressão foi de tal monta que não só ofendeu a integridade física da gestante, como causou direta e imediatamente a morte fetal.

Deformidade permanente

A nosso ver, o dano estético deve ser irremovível, visível e de razoável monta. Não vem ao caso se o dano possa ser removido pelo uso ulterior de uma prótese ou corrigido por cirurgia plástica. Deve-se também levar em conta o sexo da vítima e a sua profissão, assim como o fato da lesão causar nojo a ela e a outrem (vide foto a seguir, causada por queimadura).

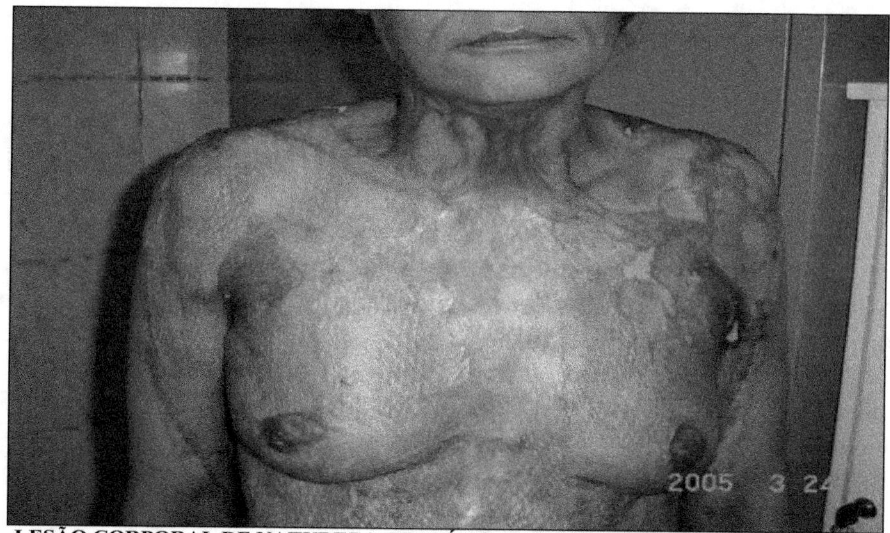

LESÃO CORPORAL DE NATUREZA GRAVÍSSIMA – DEFORMIDADE PERMANENTE

2.2.5 LESÃO CORPORAL SEGUIDA DE MORTE

Talvez, juntamente com o dano estético, seja este um dos itens mais sujeitos a controvérsia no artigo 129 do CP, principalmente no que diz respeito à "concausalidade". A rigor, enquadra-se neste parágrafo se, em decorrência da ofensa à integridade física sobreveio a morte. O agressor agia com *vulnerandi animo*, ou seja, apenas com o intuito de agredir e não com o intuito de matar a vítima (*necandi animo*).

Este delito, antigamente chamado de preterintensional ou preterdoloso, pode ser identificado pelo exemplo da vítima que, agredida por um soco, cai, bate a cabeça na parede, sofrendo um traumatismo craniano e vindo a falecer a seguir.

2.3 CLASSIFICAÇÃO DAS LESÕES OTORRINOLARINGOLÓGICAS

Conforme salientamos anteriormente, a classificação jurídica das lesões é feita por exclusão. Assim, uma lesão será leve quando as respostas aos itens do §1° e §2° do Art. 129 forem negativas. Ou seja: quando a lesão sofrida pela vítima não for capaz de produzir incapacidade para as ocupações habituais por um período maior de 30 dias.

As lesões traumáticas em otorrinolaringologia podem atingir tanto a região nasal e o maciço facial, assim como as orelhas externas, médias e internas, bem como a cavidade bucal, faringe e laringe, além da região cervical, provocando lesões nas vias respiratórias, nos aparelhos auditivo e vestibular, bem como na função fonatória e na deglutição .

Para sua avaliação o perito deverá recorrer inicialmente a um exame otorrinolaringológico completo, constando obrigatoriamente de oroscopia, rinoscopia e otoscopia.

Sempre que necessário, deverá lançar mão de exames subsidiários como as avaliações audiológicas (incluindo exames eletrofisiológicos como a audiometria de tronco cerebral, para afastar casos em que haja suspeita de simulação), exame otoneurológico (para avaliar quadros de labirintopatia pós-traumática), nasofibroscopia (a fim de melhor visualizar as vias aéreas superiores), assim como exames de imagem como os raios X simples, a tomografia computorizada e a ressonância nuclear magnética.

2.3.1 TRAUMA DA REGIÃO NASAL E MACIÇO FACIAL

Em geral, costuma ser a região corpórea atingida com maior freqüência nos traumas de ordem otorrinolaringológica. A pirâmide nasal, por sua proeminência no esqueleto facial, é facilmente lesada nas agressões a socos ou com o auxílio de algum agente contundente. Em conseqüência, poderemos ter lesões de ordem traumática e estética, assim como alterações funcionais, mormente no que diz respeito à função respiratória e olfativa.

Parte das vezes, essas lesões acarretam simples episódios hemorrágicos por ruptura da frágil rede vascular da região, acompanhados ou não de escoriações locais e/ou equimoses. Nesses casos, a lesão não provocará distúrbios de ordem funcional e tampouco incapacidade para as ocupações habituais por mais de 30 dias. Portanto, será classificada como lesão corporal de grau **leve**.

Existem casos em que somente ao primeiro exame não será possível ao perito avaliar o grau de lesão infligida à vítima, devendo este recorrer a um exame complementar após 30 dias da data da agressão.

Exemplo de razoável freqüência na prática otorrinolaringológica são os hematomas septais que, a depender de seu volume, causam prejuízos à função respiratória. Sua reabsorção espontânea ocorre em período variável de um indivíduo para outro. Mesmo nos casos em que é procedida a drenagem da coleção, o quadro é passível de complicações como a formação de abscessos locais (por vezes com destruição do esqueleto cartilagíneo do septo). Dessa maneira, apenas uma nova avaliação pericial complementar poderá proporcionar a classificação correta da lesão.

No entanto, a agressão pode ser de tal intensidade que resulte em fraturas ósseas, tanto dos ossos próprios da pirâmide nasal quanto daqueles da região malar ou aquelas que envolvem grande número de ossos, como as do tipo Lefort 1, 2 ou 3. Além disso, a ação contundente pode também causar fraturas e desvios do septo cartilaginoso ou ósseo, provocando alterações anatômicas permanentes. Assim, a lesão será considerada de natureza **grave**, pois a fratura óssea nasal requer um período mínimo de 30 dias para sua consolidação completa e o desvio septal origina a debilidade permanente da função respiratória.

Por outro lado, caso haja deformidade estética com laterorrinia visível e importante, ou a formação de cicatrizes pela raparação tecidual, a lesão será classificada como **gravíssima**. Em relação à deformidade estética, sempre é bom lembrar que ela pode ser provocada por outros tipos de agentes como as armas brancas (vide a figura baixo) ou armas de fogo.

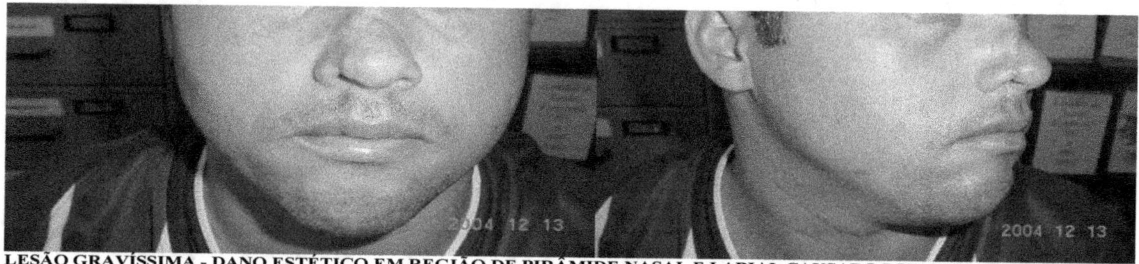

LESÃO GRAVÍSSIMA - DANO ESTÉTICO EM REGIÃO DE PIRÂMIDE NASAL E LABIAL CAUSADO POR ARMA BRANCA

É preciso lembrar aqui que tanto o desvio septal quanto o dano estético são considerados de *per se*, ou seja, independentemente da possibilidade de correção cirúrgica. Não importa que a debilidade da função respiratória possa ser corrigida por uma septoplastia ou que modernas técnicas de cirurgia plástica ou próteses minimizem a alteração facial. No primeiro caso, a lesão continuará sendo grave (pela debilidade da função respiratória - §1º Art. 129). No segundo, a lesão permanecerá gravíssima (pelo dano estético permanente - §2º Art. 129). O legislador entendeu que, forçar a vítima a se submeter a um procedimento cirúrgico, com todos os riscos inerentes, para corrigir o dano nela produzido, somente beneficiaria o agressor.

2.3.2 TRAUMA DA REGIÃO BUCAL E FARÍNGEA

A ação vulnerante de agentes lesivos sobre a cavidade bucal e faríngea acomete tanto as formações dentárias e ósseas (mandíbula), como os tecidos moles, mormente a língua e a região da faringe (principalmente nos casos de ingestão voluntária de substâncias cáusticas, ocasionando sinéquias importantes e alteração da deglutição). Alguns desses agentes, como os projéteis de arma de fogo, são capazes de atingir várias dessas estruturas simultaneamente, lesando a mandíbula, provocando avulsão de dentes, atingindo tecidos moles (língua e faringe) e chegando à base do crânio, dependendo da trajetória executada.

A avaliação do grau de lesão resultante de perdas dentárias é melhor realizada pelo perito odontologista legal. Na ausência deste, no entanto, pode-se utilizar alguns parâmetros. O mais frequentemente utilizado na prática clínica, ainda que sujeito a controvérsias e críticas, diz respeito ao número de dentes perdidos. Em geral, a perda de um único dente configuraria lesão leve. De dois ou mais dentes, lesão grave (pela debilidade da função mastigatória).

No entanto, pode-se ressalvar que a perda de um dente incisivo anterior em uma atriz de televisão, por exemplo, acarretaria dano estético permanente, e, assim, teríamos uma lesão de natureza gravíssima.

Parece-nos óbvio, enfim, que se faz primordial uma análise acurada da arcada dentária da vítima, de suas condições pré-trauma, bem como de quais elementos dentários foram perdidos, antes de se chegar a qualquer conclusão.

A par da perda dentária, encontra-se com relativa assiduidade os quadros de fratura de arco mandibular. Esse tipo de evento traumático, geralmente, demanda correção cirúrgica para fixação dos fragmentos ósseos, por meio de amarrilhas em fio de aço. A terapêutica exige um período variável para consolidação do osso fraturado (sempre maior do que 30 dias) e promove limitação importante tanto da função mastigatória, quanto da deglutição. Nesses casos a lesão será, quase que de modo invariável, de natureza grave.

As lesões de tecidos moles, principalmente a língua, no geral cicatrizam rapidamente. Cabe ao perito aguardar a cicatrização completa para verificação da presença ou ausência de alterações morfológicas ou funcionais, após o *restitutio ad integrum*.

Exemplo freqüente ocorre nas tentativas de suicídio com a ingestão de substâncias químicas de natureza cáustica ou corrosiva (como ácidos e a soda cáustica), as quais, se não acarretarem êxito letal, deixam seqüelas de monta como os estreitamentos cicatriciais de faringe e esôfago. A evolução do caso orientará o perito para a presença, além da incapacidade para ocupações habituais por mais de 30 dias, da debilidade permanente de funções (mastigação e deglutição), perigo de vida e, até mesmo, enfermidade incurável.

Em relação ao perigo de vida, cumpre ainda ressaltar o papel das hemorragias maciças, advindas de lesões de vasos emergentes, quase sempre, da artéria carótida externa. Ferimentos causados por agentes contundentes ou corto-contundentes, instrumentos perfurantes e projéteis de arma de fogo (perfuro-contundentes) costumam ser os principais responsáveis por este tipo de evento.

2.3.3 TRAUMA DA REGIÃO LARÍNGEA E CERVICAL

Os traumas de laringe são eventos que podem assumir gravidade severa e, mesmo, oferecer perigo à vida da vítima. Eles podem ser de origem acidental, particularmente aqueles que ocorrem nos acidentes de trânsito. Podem ainda serem intencionais, com o fito agressor de uma tentativa asfíxica (por esganadura ou estrangulamento) ou com o uso de armas de fogo, arma branca ou instrumentos contundentes.

As lesões que sobrevêm da ação vulnerante destes agentes são variáveis. Uma simples contusão laríngea pode se manifestar apenas por meio de rouquidão passageira, devido ao edema e processo inflamatório dos tecidos que circundam o músculo vocal.